中华人民共和国行业标准

建筑钢结构防腐蚀技术规程

Technical specification for anticorrosion
of building steel structure

JGJ/T 251-2011

批准部门：中华人民共和国住房和城乡建设部
施行日期：2 0 1 2 年 3 月 1 日

中国建筑工业出版社

2011 北京

中华人民共和国行业标准

建筑钢结构防腐蚀技术规程

Technical specification for anticorrosion
of building steel structure

JGJ/T 251 - 2011

*

中国建筑工业出版社出版、发行（北京西郊百万庄）

各地新华书店、建筑书店经销

北京红光制版公司制版

建工社（河北）印刷有限公司印刷

*

开本：850×1168毫米　1/32　印张：1⅞　字数：48千字

2011年10月第一版　　2024年12月第十二次印刷

定价：**23.00**元

统一书号：15112·44117

版权所有　翻印必究

如有印装质量问题，可寄本社退换

（邮政编码 100037）

本社网址：http://www.cabp.com.cn

网上书店：http://www.china-building.com.cn

中华人民共和国住房和城乡建设部
公　告

第 1070 号

关于发布行业标准《建筑钢结构
防腐蚀技术规程》的公告

现批准《建筑钢结构防腐蚀技术规程》为行业标准，编号为
JGJ/T 251－2011，自 2012 年 3 月 1 日起实施。

本规程由我部标准定额研究所组织中国建筑工业出版社出版
发行。

中华人民共和国住房和城乡建设部

2011 年 7 月 13 日

前　言

根据住房和城乡建设部《关于印发〈2009 年工程建设标准规范制订、修订计划（第一批）〉的通知》（建标［2009］88 号）的要求，规程编制组经广泛调查研究，认真总结实践经验，参考相关国内标准和国际标准，并在广泛征求意见的基础上，制定本规程。

本规程的主要技术内容是：1 总则；2 术语和符号；3 设计；4 施工；5 验收；6 安全、卫生和环境保护；7 维护管理；相关附录。

本规程由住房和城乡建设部负责管理，由河南省第一建筑工程集团有限责任公司负责具体技术内容的解释。执行过程中如有意见或建议，请寄送河南省第一建筑工程集团有限责任公司（地址：河南省郑州市黄河路 23 号，邮政编码：450014）。

本 规 程 主 编 单 位：河南省第一建筑工程集团有限责任
公司
林州建总建筑工程有限公司

本 规 程 参 编 单 位：总参通信工程设计研究院
陕西建工集团机械施工有限公司
河北建设集团有限公司
新蒲建设集团有限公司
郑州航空工业管理学院
河南省第一建设集团第七建筑工程有
限公司
郑州市第一建筑工程集团有限公司
许昌中原建设（集团）有限公司
广东嘉宝莉化工（集团）有限公司

本规程主要起草人员： 胡伦坚　　王　虎　　陈汉昌　　胡伦基
　　　　　　　　　　　陈　震　　李怀增　　冯俊昌　　李存良
　　　　　　　　　　　候会杰　　孙惠民　　谢晓鹏　　谢继义
　　　　　　　　　　　马发现　　冯敬涛　　王雁钧　　刘　轶
　　　　　　　　　　　雷　霆　　靳鹏飞　　王红军　　赵东波
　　　　　　　　　　　李继宇　　吴家岳
本规程主要审查人员： 王明贵　　石永久　　刘立新　　樊鸿卿
　　　　　　　　　　　梁建智　　周书信　　林向军　　许　平
　　　　　　　　　　　刘登良

目　　次

1　总则 ……………………………………………………………… 1

2　术语和符号 ……………………………………………………… 2

  2.1　术语 …………………………………………………………… 2

  2.2　符号 …………………………………………………………… 3

3　设计 ……………………………………………………………… 4

  3.1　一般规定 ……………………………………………………… 4

  3.2　表面处理 ……………………………………………………… 6

  3.3　涂层保护 ……………………………………………………… 7

  3.4　金属热喷涂 …………………………………………………… 8

4　施工 ……………………………………………………………… 10

  4.1　一般规定 ……………………………………………………… 10

  4.2　表面处理 ……………………………………………………… 10

  4.3　涂层施工 ……………………………………………………… 12

  4.4　金属热喷涂 …………………………………………………… 12

5　验收 ……………………………………………………………… 14

  5.1　一般规定 ……………………………………………………… 14

  5.2　表面处理 ……………………………………………………… 14

  5.3　涂层施工 ……………………………………………………… 16

  5.4　金属热喷涂 …………………………………………………… 17

6　安全、卫生和环境保护 ………………………………………… 18

  6.1　一般规定 ……………………………………………………… 18

  6.2　安全、卫生 …………………………………………………… 18

  6.3　环境保护 ……………………………………………………… 18

7　维护管理 ………………………………………………………… 20

附录A　大气环境气体类型 ……………………………………… 22

附录 B 常用防腐蚀保护层配套 ·················· 23

附录 C 常用封闭剂、封闭涂料和涂装层涂料 ·········· 26

附录 D 露点换算表 ·························· 27

附录 E 建筑钢结构防腐蚀涂装检验批

质量验收记录 ······················ 28

本规程用词说明 ···························· 29

引用标准名录 ····························· 30

附：条文说明 ····························· 31

Contents

1 General Provisions 1

2 Terms and Symbols 2

   2. 1 Terms 2

   2. 2 Symbols 3

3 Design 4

   3. 1 General Requirements 4

   3. 2 Surface Pretreatment 6

   3. 3 Coating Protection 7

   3. 4 Metal Thermal Spraying 8

4 Construction 10

   4. 1 General Requirements 10

   4. 2 Surface Pretreatment 10

   4. 3 Coating Construction 12

   4. 4 Metal Thermal Spraying 12

5 Acceptance 14

   5. 1 General Requirements 14

   5. 2 Surface Pretreatment 14

   5. 3 Coating Construction 16

   5. 4 Metal Thermal Spraying 17

6 Safety, Sanitation and Environmental Protection 18

   6. 1 General Requirements 18

   6. 2 Safety and Sanitation 18

   6. 3 Environmental Protection 18

7 Maintenance Management 20

Appendix A Gas Type in Atmospheric Environment 22

Appendix B   Commonly Used Anticorrosion
             Coating Auxiliary ·································· 23
Appendix C   Common Sealants, Sealing Coating and
             Painting Coating ······························· 26
Appendix D   Dew-point Conversion Table ·················· 27
Appendix E   Record Sheets of Quality Acceptance of
             Inspection Lot in Building Steel Structures
             Anticorrosion Painting ························· 28
Explanation of Wording in This Specification ·················· 29
List of Quoted Standards ···································· 30
Addition: Explanation of Provisions ························· 31

1 总　　则

1.0.1 为规范建筑钢结构防腐蚀设计、施工、验收和维护的技术要求，保证工程质量，做到技术先进、安全可靠、经济合理，制定本规程。

1.0.2 本规程适用于大气环境中的新建建筑钢结构的防腐蚀设计、施工、验收和维护。

1.0.3 建筑钢结构防腐蚀设计、施工、验收和维护，除应符合本规程的规定外，尚应符合国家现行有关标准的规定。

2 术语和符号

2.1 术 语

2.1.1 腐蚀速率 corrosion rate

单位时间内钢结构构件腐蚀效应的数值。

2.1.2 大气腐蚀 atmospheric corrosion

材料与大气环境中介质之间产生化学和电化学作用而引起的材料破坏。

2.1.3 腐蚀裕量 corrosion allowance

设计钢结构构件时，考虑使用期内可能产生的腐蚀损耗而增加的相应厚度。

2.1.4 涂装 coating

将涂料涂覆于基体表面，形成具有防护、装饰或特定功能涂层的过程。

2.1.5 表面预处理 surface pretreatment

为改善涂层与基体间的结合力和防腐蚀效果，在涂装之前用机械方法或化学方法处理基体表面，以达到符合涂装要求的措施。

2.1.6 除锈等级 grade of removing rust

表示涂装前钢材表面锈层等附着物清除程度的分级。

2.1.7 防护层使用年限 service life of protective layer

在合理设计、正确施工、正常使用和维护的条件下，防腐蚀保护层预估的使用年限。

2.1.8 附着力 adhesive force

干涂膜与其底材之间的结合力。

2.1.9 金属热喷涂 metal thermal spraying

用高压空气、惰性气体或电弧等将熔融的耐蚀金属喷射到被

2

保护结构物表面，从而形成保护性涂层的工艺过程。

2.1.10 涂层缺陷 coating defect

由于表面预处理不当、涂料质量和涂装工艺不良而造成的遮盖力不足、漆膜剥离、针孔、起泡、裂纹和漏涂等缺陷。

2.2 符 号

$\Delta\delta$——单面腐蚀裕量；

K——单面平均腐蚀速率；

P——保护效率；

t_l——防腐蚀保护层的设计使用年限；

t——钢结构的设计使用年限。

3 设 计

3.1 一 般 规 定

3.1.1 建筑钢结构应根据环境条件、材质、结构形式、使用要求、施工条件和维护管理条件等进行防腐蚀设计。

3.1.2 大气环境对建筑钢结构长期作用下的腐蚀性等级可按表3.1.2进行确定。

表 3.1.2 大气环境对建筑钢结构长期作用下的腐蚀性等级

腐蚀类型		腐蚀速率（mm/a）	腐蚀环境		
腐蚀性等级	名 称		大气环境气体类型	年平均环境相对湿度（%）	大气环境
Ⅰ	无腐蚀	<0.001	A	<60	乡村大气
Ⅱ	弱腐蚀	0.001~0.025	A	60~75	乡村大气
			B	<60	城市大气
Ⅲ	轻腐蚀	0.025~0.05	A	>75	乡村大气
			B	60~75	城市大气
			C	<60	工业大气
Ⅳ	中腐蚀	0.05~0.2	B	>75	城市大气
			C	60~75	工业大气
			D	<60	海洋大气
Ⅴ	较强腐蚀	0.2~1.0	C	>75	工业大气
			D	60~75	海洋大气
Ⅵ	强腐蚀	1.0~5.0	D	>75	海洋大气

注：1 在特殊场合与额外腐蚀负荷作用下，应将腐蚀类型提高等级；

2 处于潮湿状态或不可避免结露的部位，环境相对湿度应取大于75%；

3 大气环境气体类型可根据本规程附录A进行划分。

4

3.1.3 当钢结构可能与液态腐蚀性物质或固态腐蚀性物质接触时，应采取隔离措施。

3.1.4 在大气腐蚀环境下，建筑钢结构设计应符合下列规定：

    1 结构类型、布置和构造的选择应满足下列要求：

        1）应有利于提高结构自身的抗腐蚀能力；

        2）应能有效避免腐蚀介质在构件表面的积聚；

        3）应便于防护层施工和使用过程中的维护和检查。

    2 腐蚀性等级为Ⅳ、Ⅴ或Ⅵ级时，桁架、柱、主梁等重要受力构件不应采用格构式构件和冷弯薄壁型钢。

    3 钢结构杆件应采用实腹式或闭口截面，闭口截面端部应进行封闭；封闭截面进行热镀浸锌时，应采取开孔防爆措施。腐蚀性等级为Ⅳ、Ⅴ或Ⅵ级时，钢结构杆件截面不应采用由双角钢组成的 T 形截面和由双槽钢组成的工形截面。

    4 钢结构杆件采用钢板组合时，截面的最小厚度不应小于 6mm；采用闭口截面杆件时，截面的最小厚度不应小于 4mm；采用角钢时，截面的最小厚度不应小于 5mm。

    5 门式刚架构件宜采用热轧 H 型钢；当采用 T 型钢或钢板组合时，应采用双面连续焊缝。

    6 网架结构宜采用管形截面、球型节点。腐蚀性等级为Ⅳ、Ⅴ或Ⅵ级时，应采用焊接连接的空心球节点。当采用螺栓球节点时，杆件与螺栓球的接缝应采用密封材料填嵌严密，多余螺栓孔应封堵。

    7 不同金属材料接触的部位，应采取隔离措施。

    8 桁架、柱、主梁等重要钢构件和闭口截面杆件的焊缝，应采用连续焊缝。角焊缝的焊脚尺寸不应小于 8mm；当杆件厚度小于 8mm 时，焊脚尺寸不应小于杆件厚度。加劲肋应切角，切角的尺寸应满足排水、施工维修要求。

    9 焊条、螺栓、垫圈、节点板等连接构件的耐腐蚀性能，不应低于主体材料。螺栓直径不应小于 12mm。垫圈不应采用弹簧垫圈。螺栓、螺母和垫圈应采用热镀浸锌防护，安装后再采用与主体结构相同的防腐蚀措施。

10 高强度螺栓构件连接处接触面的除锈等级，不应低于 Sa2 $\frac{1}{2}$，并宜涂无机富锌涂料；连接处的缝隙，应嵌刮耐腐蚀密封膏。

11 钢柱柱脚应置于混凝土基础上，基础顶面宜高出地面不小于 300mm。

12 当腐蚀性等级为Ⅵ级时，重要构件宜选用耐候钢。

3.1.5 对设计使用年限不小于 25 年、环境腐蚀性等级大于Ⅳ级且使用期间不能重新涂装的钢结构部位，其结构设计应留有适当的腐蚀裕量。钢结构的单面腐蚀裕量可按下式计算：

$$\Delta\delta = K[(1-P)t_l + (t-t_l)] \qquad (3.1.5)$$

式中：$\Delta\delta$——钢结构单面腐蚀裕量（mm）；

$\quad K$——钢结构单面平均腐蚀速率（mm/a），碳钢单面平均腐蚀速率可按本规程表 3.1.2 取值，也可现场实测确定；

$\quad P$——保护效率（%），在防腐蚀保护层的设计使用年限内，保护效率可按表 3.1.5 取值；

$\quad t_l$——防腐蚀保护层的设计使用年限（a）；

$\quad t$——钢结构的设计使用年限（a）。

表 3.1.5 保护效率取值（%）

腐蚀性等级 环　境	Ⅰ	Ⅱ	Ⅲ	Ⅳ	Ⅴ	Ⅵ
室外	95	90	85	80	70	60
室内	95	95	90	85	80	70

3.2 表 面 处 理

3.2.1 钢结构在涂装之前应进行表面处理。

3.2.2 防腐蚀设计文件应提出表面处理的质量要求，并应对表面除锈等级和表面粗糙度作出明确规定。

3.2.3 钢结构在除锈处理前，应清除焊渣、毛刺和飞溅等附着物，对边角进行钝化处理，并应清除基体表面可见的油脂和其他污物。

3.2.4 钢结构在涂装前的除锈等级除应符合现行国家标准《涂装前钢材表面锈蚀等级和除锈等级》GB 8923 的有关规定外，尚应符合表 3.2.4 规定的不同涂料表面最低除锈等级。

表 3.2.4 不同涂料表面最低除锈等级

项 目	最低除锈等级
富锌底涂料	Sa2 $\frac{1}{2}$
乙烯磷化底涂料	
环氧或乙烯基酯玻璃鳞片底涂料	Sa2
氯化橡胶、聚氨酯、环氧、聚氯乙烯萤丹、高氯化聚乙烯、氯磺化聚乙烯、醇酸、丙烯酸环氧、丙烯酸聚氨酯等底涂料	Sa2 或 St3
环氧沥青、聚氨酯沥青底涂料	St2
喷铝及其合金	Sa3
喷锌及其合金	Sa2 $\frac{1}{2}$

注：1 新建工程重要构件的除锈等级不应低于 Sa2 $\frac{1}{2}$；

　　2 喷射或抛射除锈后的表面粗糙度宜为 $40\mu m \sim 75\mu m$，且不应大于涂层厚度的 1/3。

3.3 涂 层 保 护

3.3.1 涂层设计应符合下列规定：

　　1 应按照涂层配套进行设计；

　　2 应满足腐蚀环境、工况条件和防腐蚀年限要求；

　　3 应综合考虑底涂层与基材的适应性，涂料各层之间的相容性和适应性，涂料品种与施工方法的适应性。

3.3.2 涂层涂料宜选用有可靠工程实践应用经验的，经证明耐

7

蚀性适用于腐蚀性物质成分的产品，并应采用环保型产品。当选用新产品时应进行技术和经济论证。防腐蚀涂装同一配套中的底漆、中间漆和面漆应有良好的相容性，且宜选用同一厂家的产品。建筑钢结构常用防腐蚀保护层配套可按本规程附录B选用。

3.3.3 防腐蚀面涂料的选择应符合下列规定：

1 用于室外环境时，可选用氯化橡胶、脂肪族聚氨酯、聚氯乙烯萤丹、氯磺化聚乙烯、高氯化聚乙烯、丙烯酸聚氨酯、丙烯酸环氧等涂料。

2 对涂层的耐磨、耐久和抗渗性能有较高要求时，宜选用树脂玻璃鳞片涂料。

3.3.4 防腐蚀底涂料的选择应符合下列规定：

1 锌、铝和含锌、铝金属层的钢材，其表面应采用环氧底涂料封闭；底涂料的颜料应采用锌黄类。

2 在有机富锌或无机富锌底涂料上，宜采用环氧云铁或环氧铁红的涂料。

3.3.5 钢结构的防腐蚀保护层最小厚度应符合表3.3.5的规定。

表3.3.5 钢结构防腐蚀保护层最小厚度

防腐蚀保护层设计使用年限（a）	钢结构防腐蚀保护层最小厚度（μm）				
	腐蚀性等级 II级	腐蚀性等级 III级	腐蚀性等级 IV级	腐蚀性等级 V级	腐蚀性等级 VI级
$2 \leqslant t_l < 5$	120	140	160	180	200
$5 \leqslant t_l < 10$	160	180	200	220	240
$10 \leqslant t_l \leqslant 15$	200	220	240	260	280

注：1 防腐蚀保护层厚度包括涂料层的厚度或金属层与涂料层复合的厚度；
　　2 室外工程的涂层厚度宜增加 $20\mu m \sim 40\mu m$。

3.3.6 涂层与钢铁基层的附着力不宜低于5MPa。

3.4 金属热喷涂

3.4.1 在腐蚀性等级为IV、V或VI级腐蚀环境类型中的钢结构

8

防腐蚀宜采用金属热喷涂。

3.4.2 金属热喷涂用的封闭剂应具有较低的黏度，并应与金属涂层具有良好的相容性。金属热喷涂用的涂装层涂料应与封闭层有相容性，并应有良好的耐蚀性。金属热喷涂用的封闭剂、封闭涂料和涂装层涂料可按本规程附录 C 进行选用。

3.4.3 大气环境下金属热喷涂系统最小局部厚度可按表 3.4.3 选用。

表 3.4.3 大气环境下金属热喷涂系统最小局部厚度

防腐蚀保护层设计使用年限（a）	金属热喷涂系统	最小局部厚度(μm)		
		腐蚀等级 Ⅳ 级	腐蚀等级 Ⅴ 级	腐蚀等级 Ⅵ 级
$5 \leqslant t_l < 10$	喷锌＋封闭	120＋30	150＋30	200＋60
	喷铝＋封闭	120＋30	120＋30	150＋60
	喷锌＋封闭＋涂装	120＋30＋100	150＋30＋100	200＋30＋100
	喷铝＋封闭＋涂装	120＋30＋100	120＋30＋100	150＋30＋100
$10 \leqslant t_l \leqslant 15$	喷铝＋封闭	120＋60	150＋60	250＋60
	喷 Ac 铝＋封闭	120＋60	150＋60	200＋60
	喷铝＋封闭＋涂装	120＋30＋100	150＋30＋100	250＋30＋100
	喷 Ac 铝＋封闭＋涂装	120＋30＋100	150＋30＋100	200＋30＋100

注：腐蚀严重和维护困难的部位应增加金属涂层的厚度。

3.4.4 热喷涂金属材料宜选用铝、铝镁合金或锌铝合金。

9

4 施 工

4.1 一 般 规 定

4.1.1 建筑钢结构防腐蚀工程应编制施工方案。

4.1.2 钢结构防腐蚀工程施工使用的设备、仪器应具备出厂质量合格证或质量检验报告。设备、仪器应经计量检定合格且在时效期内方可使用。

4.1.3 钢结构防腐蚀材料的品种、规格、性能等应符合国家现行有关产品标准和设计的规定。

4.2 表 面 处 理

4.2.1 表面处理方法应根据钢结构防腐蚀设计要求的除锈等级、粗糙度和涂层材料、结构特点及基体表面的原始状况等因素确定。

4.2.2 钢结构在除锈处理前应进行表面净化处理，表面脱脂净化方法可按表 4.2.2 选用。当采用溶剂做清洗剂时，应采取通风、防火、呼吸保护和防止皮肤直接接触溶剂等防护措施。

表 4.2.2 表面脱脂净化方法

表面脱脂净化方法	适用范围	注意事项
采用汽油、过氯乙烯、丙酮等溶剂清洗	清除油脂、可溶污物、可溶涂层	若需保留旧涂层，应使用对该涂层无损的溶剂。溶剂及抹布应经常更换
采用如氢氧化钠、碳酸钠等碱性清洗剂清洗	除掉可皂化涂层、油脂和污物	清洗后应充分冲洗，并作钝化和干燥处理
采用 OP 乳化剂等乳化清洗	清除油脂及其他可溶污物	清洗后应用水冲洗干净，并作干燥处理

10

4.2.3 喷射清理后的钢结构除锈等级应符合本规程第 3.2.4 条的规定。工作环境应满足空气相对湿度低于 85%，施工时钢结构表面温度应高于露点 3℃以上。露点可按本规程附录 D 进行换算。

4.2.4 喷射清理所用的压缩空气应经过冷却装置和油水分离器处理。油水分离器应定期清理。

4.2.5 喷射式喷砂机的工作压力宜为 0.50MPa～0.70MPa；喷砂机喷口处的压力宜为 0.35MPa～0.50MPa。

4.2.6 喷嘴与被喷射钢结构表面的距离宜为 100mm～300mm；喷射方向与被喷射钢结构表面法线之间的夹角宜为 15°～30°。

4.2.7 当喷嘴孔口磨损直径增大 25% 时，宜更换喷嘴。

4.2.8 喷射清理所用的磨料应清洁、干燥。磨料的种类和粒度应根据钢结构表面的原始锈蚀程度、设计或涂装规格书所要求的喷射工艺、清洁度和表面粗糙度进行选择。壁厚大于或等于 4mm 的钢构件可选用粒度为 0.5mm～1.5mm 的磨料，壁厚小于 4mm 的钢构件应选用粒度小于 0.5mm 的磨料。

4.2.9 涂层缺陷的局部修补和无法进行喷射清理时可采用手动和动力工具除锈。

4.2.10 表面清理后，应采用吸尘器或干燥、洁净的压缩空气清除浮尘和碎屑，清理后的表面不得用手触摸。

4.2.11 清理后的钢结构表面应及时涂刷底漆，表面处理与涂装之间的间隔时间不宜超过 4h，车间作业或相对湿度较低的晴天不应超过 12h。否则，应对经预处理的有效表面采用干净牛皮纸、塑料膜等进行保护。涂装前如发现表面被污染或返锈，应重新清理至原要求的表面清洁度等级。

4.2.12 喷砂工人在进行喷砂作业时应穿戴防护用具，在工作间内进行喷砂作业时呼吸用空气应进行净化处理。喷砂完工后，应采用真空吸尘器、无水的压缩空气除去喷砂残渣和表面灰尘。

4.3 涂层施工

4.3.1 钢结构涂层施工环境应符合下列规定：

    1 施工环境温度宜为 5℃～38℃，相对湿度不宜大于 85%；

    2 钢材表面温度应高于露点 3℃以上；

    3 在大风、雨、雾、雪天、有较大灰尘及强烈阳光照射下，不宜进行室外施工；

    4 当施工环境通风较差时，应采取强制通风。

4.3.2 涂装前应对钢结构表面进行外观检查，表面除锈等级和表面粗糙度应满足设计要求。

4.3.3 涂装方法和涂刷工艺应根据所选用涂料的物理性能、施工条件和被涂钢结构的形状进行确定，并应符合涂料规格书或产品说明书的规定。

4.3.4 防腐蚀涂料和稀释剂在运输、储存、施工及养护过程中，不得与酸、碱等化学介质接触。严禁明火，并应采取防尘、防曝晒措施。

4.3.5 需在工地拼装焊接的钢结构，其焊缝两侧应先涂刷不影响焊接性能的车间底漆，焊接完毕后应对焊缝热影响区进行二次表面清理，并应按设计要求进行重新涂装。

4.3.6 每次涂装应在前一层涂膜实干后进行。

4.3.7 涂料储存环境温度应在 25℃以下。常见涂料施工的间隔时间和储存期应符合产品说明书的相关规定。

4.3.8 钢结构防腐蚀涂料涂装结束，涂层应自然养护后方可使用。其中化学反应类涂料形成的涂层，养护时间不应少于 7d。

4.4 金属热喷涂

4.4.1 采用金属热喷涂施工的钢结构表面除锈等级、表面粗糙度、热喷涂材料的规格和质量指标、涂层系统的选择应符合本规程第 3.2.4 条和第 3.4 节的有关规定。

4.4.2 金属热喷涂方法可采用气喷涂或电喷涂法。

4.4.3 采用金属热喷涂的钢结构表面应进行喷射或抛射处理。

4.4.4 采用金属热喷涂的钢结构构件应与未喷涂的钢构件做到电气绝缘。

4.4.5 表面处理与热喷涂施工之间的间隔时间，晴天不得超过12h，雨天、有雾的气候条件下不得超过2h。

4.4.6 工作环境的大气温度低于5℃、钢结构表面温度低于露点3℃和空气相对湿度大于85％时，不得进行金属热喷涂施工操作。

4.4.7 热喷涂金属丝应光洁、无锈、无油、无折痕，金属丝直径宜为2.0mm或3.0mm。

4.4.8 金属热喷涂所用的压缩空气应干燥、洁净，同一层内各喷涂带之间应有1/3的重叠宽度。喷涂时应留出一定的角度。

4.4.9 金属热喷涂层的封闭剂或首道封闭涂料施工宜在喷涂层尚有余温时进行，并宜采用刷涂方式施工。

4.4.10 钢构件的现场焊缝两侧应预留100mm～150mm宽度涂刷车间底漆临时保护，待工地拼装焊接后，对预留部分应按相同的技术要求重新进行表面清理和喷涂施工。

4.4.11 装卸、运输或其他施工作业过程应采取防止金属热喷涂层局部损坏的措施。如有损坏，应按设计要求和施工工艺进行修补。

5 验 收

5.1 一般规定

5.1.1 建筑钢结构防腐蚀工程可按钢结构制作或钢结构安装工程检验批的划分原则划分为一个或若干个检验批。

5.1.2 建筑钢结构防腐蚀工程质量验收记录应符合下列规定：

　　1 施工现场质量管理检查记录可按现行国家标准《建筑工程施工质量验收统一标准》GB 50300 进行；

　　2 检验批验收记录应按本规程附录 E 填写；

　　3 分项工程验收记录可按现行国家标准《建筑工程施工质量验收统一标准》GB 50300 进行。

5.1.3 建筑钢结构防腐蚀工程验收时，应提交下列资料：

　　1 设计文件及设计变更通知书；

　　2 磨料、涂料、热喷涂材料的产地与材质证明书；

　　3 基层检查交接记录；

　　4 隐蔽工程记录；

　　5 施工检查、检测记录；

　　6 竣工图纸；

　　7 修补或返工记录；

　　8 交工验收记录。

5.2 表面处理

Ⅰ 主控项目

5.2.1 涂装前钢材表面除锈应符合设计要求和国家现行有关标准的规定。处理后的钢材表面不应有焊渣、焊疤、灰尘、油污、水和毛刺等。当设计无要求时，钢材表面除锈等级应符合本规程

14

第 3.2.4 条的规定。

检查数量：小型钢构件按构件数应抽查构件数量的 10%，且不应少于 3 件。大型、整体钢结构每 50m² 对照检查 1 次，且每工班检查次数不少于 1 次。

检查方法：用铲刀检查和用现行国家标准《涂装前钢材表面锈蚀等级和除锈等级》GB 8923 规定的图片对照观察检查。

5.2.2 涂装前钢材表面粗糙度检验应按现行国家标准《涂装前钢材表面粗糙度等级的评定（比较样块法）》GB/T 13288 的有关规定。

检查数量：在同一检验批内，应抽查构件数量的 10%，且不应少于 3 件。

检查方法：用标准样块目视比较评定表面粗糙度等级，或用剖面检测仪、粗糙度仪直接测定表面粗糙度。采用比较样块法时，每一评定点面积不小于 50mm²；采用剖面检测仪或粗糙度仪直接检测时，取评定长度为 40mm，在此长度范围内测 5 点，取其算术平均值为该评定点的表面粗糙度值；当采用两种方法的检测结果不一致时，应以剖面检测仪、粗糙度仪直接检测的结果为准。

Ⅱ 一 般 项 目

5.2.3 涂装施工前应进行外观检查，表面不得有污染或返锈。涂装完成后，构件的标志、标记和编号应清晰完整。

检查数量：全数检查。

检查方法：观察检查。

5.2.4 表面清理和涂装作业施工环境的温度和湿度应符合设计要求。

检查数量：每工班不得少于 3 次。

检查方法：应采用温湿度仪进行测量，并应按本规程附录 D 换算对应的露点。

5.3 涂 层 施 工

Ⅰ 主 控 项 目

5.3.1 涂料、涂装遍数和涂层厚度均应符合设计要求。当设计对涂层厚度无要求时，室外涂层干漆膜总厚度不应小于 $150\mu m$。室内涂层干漆膜总厚度不应小于 $125\mu m$，且允许偏差为 $-25\mu m \sim 0\mu m$。每遍涂层干漆膜厚度的允许偏差为 $-5\mu m \sim 0\mu m$。

检查数量：在同一检验批内，应抽查构件数量的 10%，且不应少于 3 件。

检查方法：用干漆膜测厚仪检查。每个构件检测 5 处，每处的数值为 3 个相距 50mm 测点涂层干漆膜厚度的平均值。

5.3.2 涂层的附着力应满足设计要求。

检查数量：每 $200m^2$ 检测数量不得少于 1 次，且总检测数量不得少于 3 次。

检查方法：按现行国家标准《色漆和清漆 拉开法附着力试验》GB/T 5210 或《色漆和清漆 漆膜划格试验》GB/T 9286 的有关规定执行。

Ⅱ 一 般 项 目

5.3.3 涂料涂层应均匀，无明显皱皮、流坠、针眼和气泡等。

检查数量：全数检查。

检查方法：观察检查。

5.3.4 构件表面不应误涂、漏涂，涂层不应脱皮和返锈等。

检查数量：全数检查。

检查方法：观察检查。

5.4 金属热喷涂

Ⅰ 主 控 项 目

5.4.1 金属热喷涂涂层厚度应符合设计要求。

检查数量：平整的表面每 $10m^2$ 表面上的测量基准面数量不得少于 3 个，不规则的表面可适当增加基准面数量。

检查方法：按现行国家标准《热喷涂涂层厚度的无损测量方法》GB 11374 的有关规定执行。

5.4.2 金属热喷涂涂层结合性能检验应符合设计要求。

检查数量：每 $200m^2$ 检测数量不得少于 1 次，且总检测数量不得少于 3 次。

检查方法：按现行国家标准《金属和其他无机覆盖层热喷涂锌、铝及其合金》GB/T 9793 的有关规定执行。

Ⅱ 一 般 项 目

5.4.3 金属热喷涂涂层的外观应均匀一致，涂层不得有气孔、裸露底材的斑点、附着不牢的金属熔融颗粒、裂纹及其他影响使用性能的缺陷。

检查数量：全数检查。

检查方法：观察检查。

6 安全、卫生和环境保护

6.1 一般规定

6.1.1 钢结构防腐蚀工程的施工应符合国家有关法律、法规对环境保护的要求，并应有妥善的劳动保护和安全防范措施。

6.2 安全、卫生

6.2.1 涂装作业安全、卫生应符合现行国家标准《涂装作业安全规程　涂漆工艺安全及其通风净化》GB 6514、《金属和其他无机覆盖层　热喷涂　操作安全》GB 11375、《涂装作业安全规程　安全管理通则》GB 7691 和《涂装作业安全规程　涂漆前处理工艺安全及其通风净化》GB 7692 的有关规定。

6.2.2 涂装作业场所空气中有害物质不得超过最高允许浓度。

6.2.3 施工现场应远离火源，不得堆放易燃、易爆和有毒物品。

6.2.4 涂料仓库及施工现场应有消防水源、灭火器和消防器具，并应定期检查。消防道路应畅通。

6.2.5 密闭空间涂装作业应使用防爆灯具，安装防爆报警装置；作业完成后油漆在空气中的挥发物消散前，严禁电焊修补作业。

6.2.6 施工人员应正确穿戴工作服、口罩、防护镜等劳动保护用品。

6.2.7 所有电气设备应绝缘良好，临时电线应选用胶皮线，工作结束后应切断电源。

6.2.8 工作平台的搭建应符合有关安全规定。高空作业人员应具备高空作业资格。

6.3 环境保护

6.3.1 涂料产品的有机挥发物含量（VOC）应符合国家现行相

关的要求。

6.3.2 施工现场应保持清洁，产生的垃圾等应及时收集并妥善处理。

6.3.3 露天作业时应采取防尘措施。

7 维护管理

7.0.1 建筑钢结构的防腐蚀维护管理应包括下列内容：

1 应根据定期检查和特殊检查情况，判断钢结构和防腐蚀保护层的状态；

2 应根据检查的结果对钢结构的防腐蚀效果做出判断，确定更新或修复的范围。

7.0.2 建筑钢结构的腐蚀与防腐蚀检查可分为定期检查和特殊检查。定期检查的项目、内容和周期应符合表 7.0.2 的规定。

表 7.0.2 定期检查的项目、内容和周期

检 查 项 目	检 查 内 容	检查周期 (a)
防腐蚀保护层外观检查	涂层破损情况	1
防腐蚀保护层防腐蚀性能检查	鼓泡、剥落、锈蚀	5
腐蚀量检测	测定钢结构壁厚	5

7.0.3 钢结构防腐蚀涂装的现场修复应符合下列规定：

1 防腐蚀保护层破损处的表面清理宜采用喷砂除锈，其除锈等级应达到现行国家标准《涂装前钢材表面锈蚀等级和除锈等级》GB 8923 中规定的 $Sa2\frac{1}{2}$ 级。当不具备喷砂条件时，可采用动力或手工除锈，其除锈等级应达到 St3 级。

2 搭接部位的防腐蚀保护层表面应无污染、附着物，并应具有一定的表面粗糙度。

3 修补涂料宜采用与原涂装配套或能相容的防腐涂料，并应能满足现场的施工环境条件，修补涂料的存储和使用应符合产品使用说明书的要求。

7.0.4 钢结构防腐蚀维护施工应有妥善的安全防护措施和环境保护措施。

7.0.5 钢结构防腐蚀维护管理档案应包括下列内容：

    1 钢结构的设计资料、施工资料和竣工资料；

    2 防腐蚀保护层的设计资料、施工资料和竣工资料；

    3 定期检查、特殊检查的检查记录，检查记录包括工程名称、检查方式、日期、环境条件和发现异常的部位与程度；

    4 各项检查所提出的建议、结论和处理意见；

    5 涂装维护的设计和施工方案；

    6 涂装维护的施工记录、检测记录和验收结论。

附录 A 大气环境气体类型

表 A 大气环境气体类型

大气环境气体类型	腐蚀性物质名称	腐蚀性物质含量 (kg/m^3)
A	二氧化碳	$<2\times10^{-3}$
	二氧化硫	$<5\times10^{-7}$
	氟化氢	$<5\times10^{-8}$
	硫化氢	$<1\times10^{-8}$
	氮的氧化物	$<1\times10^{-7}$
	氯	$<1\times10^{-7}$
	氯化氢	$<5\times10^{-8}$
B	二氧化碳	$>2\times10^{-3}$
	二氧化硫	$5\times10^{-7}\sim1\times10^{-5}$
	氟化氢	$5\times10^{-8}\sim5\times10^{-6}$
	硫化氢	$1\times10^{-8}\sim5\times10^{-6}$
	氮的氧化物	$1\times10^{-7}\sim5\times10^{-6}$
	氯	$1\times10^{-7}\sim1\times10^{-6}$
	氯化氢	$5\times10^{-8}\sim5\times10^{-6}$
C	二氧化硫	$1\times10^{-5}\sim2\times10^{-4}$
	氟化氢	$5\times10^{-6}\sim1\times10^{-5}$
	硫化氢	$5\times10^{-6}\sim1\times10^{-4}$
	氮的氧化物	$5\times10^{-6}\sim2.5\times10^{-5}$
	氯	$1\times10^{-6}\sim5\times10^{-6}$
	氯化氢	$5\times10^{-6}\sim1\times10^{-5}$
D	二氧化硫	$2\times10^{-4}\sim1\times10^{-3}$
	氟化氢	$1\times10^{-5}\sim1\times10^{-4}$
	硫化氢	$>1\times10^{-4}$
	氮的氧化物	$2.5\times10^{-5}\sim1\times10^{-4}$
	氯	$5\times10^{-6}\sim1\times10^{-5}$
	氯化氢	$1\times10^{-5}\sim1\times10^{-4}$

注：当大气中同时含有多种腐蚀性气体时，腐蚀级别应取最高的一种或几种为
基准。

附录 B 常用防腐蚀保护层配套

表 B 常用防腐蚀保护层配套

除锈等级	涂 层 构 造									涂层总厚度（μm）	使用年限（a）		
	底层			中间层			面层				较强腐蚀、强腐蚀	中腐蚀	轻腐蚀、弱腐蚀
	涂料名称	遍数	厚度（μm）	涂料名称	遍数	厚度（μm）	涂料名称	遍数	厚度（μm）				
Sa2 或 St3	醇酸底涂料	2	60	—	—	—	醇酸面涂料	2	60	120	—	—	2～5
	醇酸底涂料	2	60	—	—	—	醇酸面涂料	3	100	160	—	2～5	5～10
	与面层同品种的底涂料	2	60	—	—	—	氯化橡胶、高氯化聚乙烯、氯磺化聚乙烯等面涂料	2	60	120	—	—	2～5
	与面层同品种的底涂料	2	60	—	—	—	氯化橡胶、高氯化聚乙烯、氯磺化聚乙烯等面涂料	3	100	160	—	2～5	5～10
	与面层同品种的底涂料	3	100	—	—	—	氯化橡胶、高氯化聚乙烯、氯磺化聚乙烯等面涂料	3	100	200	2～5	5～10	10～15
	环氧铁红底涂料	2	60	环氧云铁中间涂料	1	70	氯化橡胶、高氯化聚乙烯、氯磺化聚乙烯等面涂料	2	70	200	2～5	5～10	10～15
	环氧铁红底涂料	2	60	环氧云铁中间涂料	1	80	氯化橡胶、高氯化聚乙烯、氯磺化聚乙烯等面涂料	3	100	240	5～10	10～11	＞15

续表 B

除锈等级	涂层构造									涂层总厚度 (μm)	使用年限 (a)		
	底层			中间层			面层				较强腐蚀、强腐蚀	中腐蚀	轻腐蚀、弱腐蚀
	涂料名称	遍数	厚度 (μm)	涂料名称	遍数	厚度 (μm)	涂料名称	遍数	厚度 (μm)				
Sa2 或 St3	环氧铁红底涂料	2	60	环氧云铁中间涂料	1	70	环氧、聚氨酯、丙烯酸环氧聚氨酯等面涂料	2	70	200	2~5	5~10	10~15
		2	60		1	80		3	100	240	5~10	10~11	>15
		2	60		2	120		3	100	280	10~15	>15	>15
Sa2 1/2		2	60		1	70	环氧、聚氨酯、丙烯酸环氧聚氨酯等厚膜型面涂料	2	150	280	10~15	>15	>15
		2	60	—	—	—	环氧、聚氨酯等玻璃鳞片面涂料	3	260	320	>15	>15	>15
							乙烯基酯玻璃鳞片面涂料	2					

续表 B

除锈等级	底层 涂料名称	底层 遍数	底层 厚度(μm)	中间层 涂料名称	中间层 遍数	中间层 厚度(μm)	面层 涂料名称	面层 遍数	面层 厚度(μm)	涂层总厚度(μm)	使用年限(a) 较强腐蚀、强腐蚀	中腐蚀	轻腐蚀、弱腐蚀
Sa2 或 St3	聚氯乙烯萤丹底涂料	3	100	—	—	—	聚氯乙烯萤丹面涂料	2	60	160	5～10	10～11	>15
		3	100	—	—	—		3	100	200	10～11	>15	>15
Sa2 1/2	萤丹底涂料	2	80	—	—	—	聚氯乙烯含氟荧光面涂料	2	60	140	5～10	10～15	>15
		3	110	—	—	—		2	60	170	10～11	>15	>15
		3	100	—	—	—		3	100	200	>15	>15	>15
Sa2 1/2	富锌底涂料	见表注	70	环氧云铁中间涂料	1	60	环氧、聚氨酯、丙烯酸环氧、丙烯酸聚氨酯等面涂料	2	70	200	5～10	10～15	>15
		见表注	70		1	70		3	100	240	10～11	>15	>15
		见表注	70		2	110		3	100	280	>15	>15	>15
		见表注	70		1	60	环氧、聚氨酯、丙烯酸环氧、丙烯酸聚氨酯等厚膜型面涂料	2	150	280	>15	>15	>15
Sa3（用于铝层）、Sa2 1/2（用于锌层）	喷涂锌、铝及其合金的金属覆盖层 120μm，其盖层上再涂环氧富锌底涂料 20μm		40	环氧云铁中间涂料	1	40	环氧、聚氨酯、丙烯酸环氧、丙烯酸聚氨酯等面涂料	2	60	240	10～15	>15	>15
					1	40		3	100	280	>15	>15	>15
					1	40	环氧、聚氨酯、丙烯酸环氧、丙烯酸聚氨酯等厚膜型面涂料	1	100	280	>15	>15	>15

注：
1　涂层厚度系指干膜的厚度；
2　富锌底涂料的遍数与品种有关，当采用正硅酸乙酯富锌底涂料、硅酸钾富锌底涂料、硅酸锂富锌底涂料、硅酸钠富锌底涂料和冷涂锌底涂料时，宜为 1 遍；当采用环氧富锌底涂料、聚氨酯富锌底涂料时，宜为 2 遍。

附录 C 常用封闭剂、封闭涂料和涂装层涂料

表 C 常用封闭剂、封闭涂料和涂装层涂料

类型	种类	成膜物质	主颜料	主要性能
封闭剂	磷化底漆	聚乙烯醇缩丁醛	四盐基铬酸锌	能形成磷化-钝化膜，可提高封闭层、封闭涂料的相容性及防腐性能
	双组分环氧漆	环氧	铬酸锌、磷酸锌或云母氧化铁	能形成磷化-钝化膜，可提高封闭层、封闭涂料的相容性及防腐性能，与环氧类封闭涂料或涂层涂料配套
	双组分聚氨酯	聚氨基甲酸酯	锌铬黄或磷酸锌	能形成磷化-钝化膜，可提高封闭层、封闭涂料的相容性及防腐性能，与聚氨酯类封闭或涂层涂料配套
封闭涂料或涂装层涂料	双组分环氧或环氧沥青	环氧沥青	—	耐潮、耐化学药品性能优良，但耐候性差
	双组分聚氨酯漆	聚氨基甲酸酯	—	综合性能优良，耐潮湿、耐化学药品性能好，有些品种具有良好的耐候性，可用于受阳光直射的大气区域

附录D 露点换算表

表D 露点换算表

大气环境相对湿度（%）	环境温度（℃）									
	−5	0	5	10	15	20	25	30	35	40
95	−6.5	−1.3	3.5	8.2	13.3	18.3	23.2	28.0	33.0	38.2
90	−6.9	−1.7	3.1	7.8	12.9	17.9	22.7	27.5	32.5	37.7
85	−7.2	−2.0	2.6	7.3	12.5	17.4	22.1	27.0	32.0	37.1
80	−7.7	−2.8	1.9	6.5	11.5	16.5	21.0	25.9	31.0	36.2
75	−8.4	−3.6	0.9	5.6	10.4	15.4	19.9	24.7	29.6	35.0
70	−9.2	−4.5	−0.2	4.59	9.1	14.2	18.5	23.3	28.1	33.5
65	−10.0	−5.4	−1.0	3.3	8.0	13.0	17.4	22.0	26.8	32.0
60	−10.8	−6.0	−2.1	2.3	6.7	11.9	16.2	20.6	25.3	30.5
55	−11.5	−7.4	−3.2	1.0	5.6	10.4	14.8	19.1	23.0	28.0
50	−12.8	−8.4	−4.4	−0.3	4.1	8.6	13.3	17.5	22.2	27.1
45	−14.3	−9.6	−5.7	−1.5	2.6	7.0	11.7	16.0	20.2	25.2
40	−15.9	−10.3	−7.3	−3.1	0.9	5.4	9.5	14.0	18.2	23.0
35	−17.5	−12.1	−8.6	−4.7	−0.8	3.4	7.4	12.0	16.1	20.6
30	−19.9	−14.3	−10.2	−6.9	−2.9	1.3	5.2	9.2	13.7	18.0

注：中间值可按直线插入法取值。

附录 E 建筑钢结构防腐蚀涂装 检验批质量验收记录

表 E 建筑钢结构防腐蚀涂装检验批质量验收记录表

工程名称				检验批部位	
施工单位				项目经理	
监理单位				总监理工程师	
施工依据标准				分包单位负责人	
主控项目		合格质量标准	施工单位检验评定记录或结果	监理(建设)单位验收记录或结果	备　注
1	表面除锈	5.2.1			
2	表面粗糙度	5.2.2			
3	涂层厚度	5.3.1			
4	涂层结合性能	5.3.2			
5	金属喷涂层厚度	5.4.1			
6	金属喷涂层结合性能	5.4.2			
一般项目		合格质量标准	施工单位检验评定记录或结果	监理(建设)单位验收记录或结果	备　注
1	涂装前表面外观	5.2.3			
2	施工环境温度和湿度	5.2.4			
3	涂层外观	5.3.3、5.3.4			
4	金属喷涂层外观	5.4.3			
施工单位检验评定结果		班组长：或专业工长：　　年　月　日		质检员：或项目技术负责人：　　年　月　日	
监理(建设)单位验收结论		监理工程师(建设单位项目技术人员)：　年　月　日			

28

本规程用词说明

1 为便于在执行本规程条文时区别对待，对于要求严格程度不同的用词说明如下：

1）表示很严格，非这样做不可的：

正面词采用"必须"，反面词采用"严禁"；

2）表示严格，在正常情况下均应这样做的：

正面词采用"应"，反面词采用"不应"或"不得"；

3）表示允许稍有选择，在条件许可时首先应这样做的：

正面词采用"宜"，反面词采用"不宜"；

4）表示有选择，在一定条件下可以这样做的，采用"可"。

2 条文中指明必须按其他标准、规范执行的写法为"按……执行"或"应符合……的规定"

引用标准名录

1 《建筑工程施工质量验收统一标准》GB 50300

2 《色漆和清漆 拉开法附着力试验》GB/T 5210

3 《涂装作业安全规程 涂漆工艺安全及其通风净化》GB 6514

4 《涂装作业安全规程 安全管理通则》GB 7691

5 《涂装作业安全规程 涂漆前处理工艺安全及其通风净化》GB 7692

6 《涂装前钢材表面锈蚀等级和除锈等级》GB 8923

7 《色漆和清漆 漆膜划格试验》GB/T 9286

8 《金属和其他无机覆盖层热喷涂 锌、铝及其合金》GB/T 9793

9 《热喷涂涂层厚度的无损测量方法》GB 11374

10 《金属和其他无机覆盖层 热喷涂 操作安全》GB 11375

11 《涂装前钢材表面粗糙度等级的评定（比较样块法）》GB/T 13288

中华人民共和国行业标准

建筑钢结构防腐蚀技术规程

JGJ/T 251－2011

条 文 说 明

制 定 说 明

《建筑钢结构防腐蚀技术规程》JGJ/T 251-2011，经住房和城乡建设部 2011 年 7 月 13 日以第 1070 号公告批准、发布。

本规程制定过程中，编制组进行了广泛的调查和研究，总结了国内外先进技术法规、技术标准，通过对不同环境条件下建筑钢结构防腐蚀情况的区别，做出了具体的规定。

为便于广大设计、施工、科研、学校等单位有关人员在使用本规程时能正确理解和执行条文的规定，《建筑钢结构防腐蚀技术规程》编制组按章、节、条、款顺序编制了本规程的条文说明，对条文规定的目的、依据以及执行中需注意的有关事项进行了说明。但是，本条文说明不具备与规程正文同等的法律效力，仅供使用者作为理解和把握规程规定的参考。

目　　次

1　总则 ………………………………………………………… 34
3　设计 ………………………………………………………… 35
　3.1　一般规定 ……………………………………………… 35
　3.2　表面处理 ……………………………………………… 38
　3.3　涂层保护 ……………………………………………… 39
　3.4　金属热喷涂 …………………………………………… 40
4　施工 ………………………………………………………… 42
　4.1　一般规定 ……………………………………………… 42
　4.2　表面处理 ……………………………………………… 42
　4.3　涂层施工 ……………………………………………… 43
　4.4　金属热喷涂 …………………………………………… 43
5　验收 ………………………………………………………… 46
　5.3　涂层施工 ……………………………………………… 46
6　安全、卫生和环境保护 …………………………………… 47
　6.1　一般规定 ……………………………………………… 47
7　维护管理 …………………………………………………… 48

33

1 总　　则

1.0.1　本条为制定本规程的目的。随着建筑工程中钢材用量的迅速增长，钢结构的腐蚀问题日益突出。选择适当的防腐蚀技术、合理的设计、科学的施工、适度的维护管理，是确保建筑钢结构工程安全、耐久的重要措施。

1.0.2　本条规定了本规程的适用范围。本规程仅考虑在大气环境中的新建建筑工程钢结构的防腐蚀设计、施工、检验和维护。由于钢桩在建筑工程中尚未广泛应用，因此未包括在本规程的适用范围之中。

3 设 计

3.1 一 般 规 定

3.1.1 本条是对建筑钢结构防腐蚀工程的一般要求，防腐蚀是一门边缘学科，建筑钢结构工程由于所处腐蚀环境类型不同，造成的腐蚀速率有很大的差别，适用的防腐蚀方法也各不相同。因此，根据腐蚀环境类型和使用条件，选择适宜的防腐蚀措施，才能做到先进、经济、实用。

3.1.2 由于大气环境中所含的腐蚀性物质的成分、浓度、相对湿度是影响钢结构腐蚀的关键因素。本条根据《大气环境腐蚀性分类》GB/T 15957，按影响钢结构腐蚀的主要气体成分及其含量，将环境气体分为 A、B、C、D 四种类型。大气相对湿度（RH）类型分为干燥型（$RH<60\%$）、普通型（$RH=60\%\sim75\%$）、潮湿型（$RH>75\%$）。根据碳钢在不同大气环境下暴露第一年的腐蚀速率（mm/a），将腐蚀环境类型分为六大类。

进行建筑钢结构防腐蚀设计时，可按建筑钢结构所处位置的大气环境和年平均环境相对湿度确定大气环境腐蚀性等级。当大气环境不易划分时，大气环境腐蚀性等级应由设计进行确定。

在特殊场合与额外腐蚀负荷作用下，应将腐蚀类型提高等级。例如：①风沙大的地区，因风携带颗粒（沙子等）使钢结构发生磨蚀的情况；②钢结构上用于（人或车辆）通行或有机械重负载并定期移动的表面；③经常有吸潮性物质沉积于钢结构表面的情况。

考虑到处于潮湿状态或不可避免结露部位的标准应相应提高，对如厕浴间等类似的局部环境将大气相对湿度按 $RH>75\%$ 考虑。

3.1.3 因为钢结构主要是承担结构荷载的，可以通过隔离措施

35

避免与液态腐蚀性物质或固态腐蚀性物质接触，以便可以达到经济、实用的目的。

3.1.4 本条给出了在腐蚀环境下结构设计应符合的规定。对本条各款说明如下：

2 钢结构构件和杆件形式，对结构或杆件的腐蚀速率有重大影响。按照材料集中原则的观点，截面的周长与面积之比愈小，则抗腐蚀性能愈高。薄壁型钢壁较薄，稍有腐蚀对承载力影响较大；格构式结构杆件的截面较小，加上缀条、缀板较多，表面积大，不利于钢结构防腐蚀。

3 闭口截面杆件端部封闭是防腐蚀要求。闭口截面的杆件采用热镀浸锌工艺防护时，杆件端部不应封闭，应采取开孔防爆措施，以保证安全。若端部封闭后再进行热浸镀锌处理，则可能会因高温引起爆炸。

4 为保证钢构件的耐久性，应有一定的截面厚度要求。太薄的杆件一旦腐蚀便很快丧失承载力。规程中规定的截面厚度最小限值，是根据使用经验确定的。杆件均指的是单件杆件。

5 门式刚架是近年来使用较多的钢结构，它造型简捷，受力合理。在腐蚀条件下推荐采用热轧 H 型钢。因整体轧制，表面平整，无焊缝，可达到较好的耐腐蚀性能。采用双面连续焊缝，使焊缝的正反面均被堵死，密封性好。

6 网架结构能够实现大跨度空间且造型美观，近年发展迅速，应用于许多工业与民用建筑。钢管截面和球型节点是各类网架中杆件外表面积小、防腐蚀性能好且便于施工的空间结构形式，也是工业建筑中广泛应用的形式。

焊接连接的空心球节点虽然比较笨重，施工难度大，但其防腐蚀性能好，承载力高，连接相对灵活。在大气环境腐蚀性等级为Ⅳ、Ⅴ或Ⅵ级时不推荐螺栓球节点，因钢管与球节点螺栓连接时，接缝处难以保持严密。

网架作为大跨度结构构件，防腐蚀非常重要，螺栓球接缝处理和多余螺栓孔封堵都是防止腐蚀性气体进入的重要措施。

7 不同金属材料接触时会发生电化学反应，腐蚀严重，故要在接触部位采取防止电化学腐蚀的隔离措施。如采用硅橡胶垫做隔离层并加密封措施。

8 焊接连接的防腐蚀性能优于螺栓连接和铆接，但焊缝的缺陷会使涂层难以覆盖，且焊缝表面常夹有焊渣又不平整，容易吸附腐蚀性介质，同时焊缝处一般均有残余应力存在，所以，焊缝常常先于主体材料腐蚀。焊缝是传力和保证结构整体性的关键部位，对其焊脚尺寸应有最小要求。断续焊缝容易产生缝隙腐蚀，若闭口截面的连接焊缝采用断续焊缝，腐蚀介质和水汽容易从焊缝空隙中渗入内部。所以对重要构件和闭口截面杆件的焊缝应采用连续焊缝。

加劲肋切角的目的是排水，避免积水和积灰加重腐蚀，也便于涂装。焊缝不得把切角堵死。国际标准《色漆和清漆 防护漆体系对钢结构的腐蚀防护》ISO 12944 中提出加劲肋切角半径不应小于 50mm。

9 构件的连接材料，如焊条、螺栓、节点板等，其耐腐蚀性能（包括防护措施）不应低于主体材料，以保证结构的整体性。弹簧垫圈（如防松垫圈、齿状垫圈）容易产生缝隙腐蚀。

11 钢柱柱脚均应置于混凝土基础上，不允许采用钢柱插入地下再包裹混凝土的做法。钢柱于地上、地下形成阴阳极，雨季环境湿度高或积水时，电化学腐蚀严重。另外，室内外地坪常因排水不畅而积水，规定钢柱基础顶面宜高出地面不小于 300mm，是为了避免柱脚积水锈蚀。

12 耐候钢即耐大气腐蚀钢，是在钢中加入少量合金元素，如铜、铬、镍等，使其在工业大气中形成致密的氧化层，即金属基体的保护层，以提高钢材的耐候性能，同时保持钢材具有良好的焊接性能。在大气环境下，耐候钢表面也需要采用涂料防腐。耐候钢表面的钝化层增强了与涂料附着力。另外，耐候钢的锈层结构致密，不易脱落，腐蚀速率减缓。故涂装后的耐候钢与普通钢材相比，有优越的耐蚀性，适宜在室外环境使用。

参考已有部分实验结果，在有些地区为了使钢结构防腐蚀的经济效益更为明显，在腐蚀性等级为Ⅴ级时，重要构件也可采用耐候钢。

3.1.5 目前各种常规的防腐蚀措施，均难以确保100％的保护度。涂层和金属热喷涂层即使在设计使用年限内，也会因针孔或机械破损而造成小面积局部腐蚀。使用中不能重新涂装的钢结构部位是指对于防腐蚀维护不易实施的钢结构及其部位。如在构造上不能避免难于检查、清刷和油漆之处，以及能积留湿气和大量灰尘的死角、凹槽或有特殊要求的部位，可以在结构设计时留有适当的腐蚀裕量。由于封闭结构内氧气不能得到有效补充，腐蚀过程不可能连续进行，因此无需考虑防腐蚀措施。

《钢结构设计规范》GB 50017—2003条文说明第8.9.2条提出，不能重新刷油的部位应采取特殊的防锈措施，必要时亦可适当加厚截面的厚度。本规程第3.1.5条的相关规定是国内现行的有效防锈措施，对设计使用年限大于或等于25年，所处环境的腐蚀性等级较高（大于Ⅳ级）的建筑物，使用期间不能重新涂装的钢结构部位，考虑钢结构防腐蚀措施失效后，钢结构的继续锈蚀可能危害建筑物安全时，应考虑腐蚀裕量。

3.2 表 面 处 理

3.2.1 有多种因素影响防腐蚀保护层的有效使用寿命，如涂装前钢材表面处理质量、涂料的品种、组成、涂膜的厚度、涂装道数、施工环境条件及涂装工艺等。表1列出已作的相关调查关于各种因素对涂层寿命影响的统计结果。

表1 各种因素对涂层寿命的影响表

因　　素	影响程度（％）
表面处理质量	49.5
涂膜厚度	19.1
涂料种类	4.9
其他因素	26.5

由表 1 可见，表面处理质量是涂层过早破坏的主要影响因素，对金属热喷涂层和其他防腐蚀覆盖层与基体的结合力，表面处理质量也有极重要的作用。因此，规定钢结构在涂装之前应进行表面处理。

3.2.4 现行国家标准《涂装前钢材表面锈蚀等级和除锈等级》GB 8923 规定了涂装前钢材表面锈蚀程度和除锈质量的目视评定等级。对涂装前钢结构的表面状态，包括锈蚀等级和除锈等级都作出了明确的规定。

涂层与基体金属的结合力主要依靠涂料极性基团与金属表面极性分子之间的相互吸引，粗糙度的增加，可显著加大金属的表面积，从而提高了涂膜的附着力。但粗糙度过大也会带来不利的影响，当涂料厚度不足时，轮廓峰顶处常会成为早期腐蚀的起点。因此，规定在一般情况下表面粗糙度值不宜超过涂装系统总干膜厚度的 1/3。

3.3 涂层保护

3.3.2 防腐蚀涂装配套中的底漆、中间漆和面漆因使用功能不同，对主要性能的要求也有所差异，但同一配套中的底漆、中间漆、面漆宜有良好的相容性。

在涂装配套中，因底漆、中间漆和面漆所起作用不同，各厂家同类产品的成分配比也有所差别。如果一个涂装系统采用不同厂家的产品，配套性难以保证。一旦出现质量问题，不易分析原因，也难以确定责任者，因此宜选用同一厂家的产品。

3.3.3 对本条各款说明如下：

1 聚氨酯涂料是聚氨基甲酸酯树脂涂料的简称。聚氨酯涂料的耐候性与型号有关，脂肪族的耐候性好，而芳香族的耐候性差。聚氨酯取代乙烯互穿网络涂料属于耐候性聚氨酯涂料，本规程不作为单一品种列入。含羟基丙烯酸酯与脂肪族多异氰酸酯反应而成的丙烯酸聚氨酯涂料，具有很好的耐候性和耐腐蚀性能。

聚氯乙烯萤丹涂料含有萤丹颜料成分，对被涂覆的基层表面起到较好的屏蔽和隔离介质作用，而且对金属基层具有磷化、钝化作用。该涂料对盐酸及中等浓度的硫酸、硝酸、醋酸、碱和大多数的盐类等介质，具有较好的耐腐蚀性能。不含萤丹的聚氯乙烯涂料的性能很差。另外，一些单位通过试验和工程实践表明，若在聚氯乙烯萤丹涂料中加入适量的氟树脂，其耐温、耐老化和耐腐蚀性能更好。

2 树脂玻璃鳞片涂料能否用于室外取决于树脂的耐候性。

3.3.4 锌黄的化学成分是铬酸锌，由它配制而成的锌黄底涂料适用于钢铁表面。

3.3.5 用于钢结构的防腐蚀保护层一般分为三大类：第一类是喷、镀金属层上加防腐蚀涂料的复合面层；第二类是含富锌底漆的涂层；第三类是不含金属层，也不含富锌底漆的涂层。

钢结构涂层的厚度，应根据构件的防护层使用年限及其腐蚀性等级确定。因为防护层使用年限增大到 10a～15a，故本条所规定的涂层厚度比目前一般建筑防腐蚀工程上的实际涂层稍厚；室外构件应适当增加涂层厚度。

3.4 金属热喷涂

金属热喷涂是利用各种热源，将欲喷涂的固体涂层材料加热至熔化或软化，借助高速气流的雾化效果使其形成微细熔滴，喷射沉积到经过处理的基体表面形成金属涂层的技术。金属热喷涂最早在 20 世纪 40 年代应用于防腐蚀方面，已经具备了几十年的经验。金属热喷涂主要有喷锌和喷铝两种，作为钢结构的底层，有着很好的耐蚀性能。金属热喷涂广泛用于新建、重建或维护保养时对于金属部分的修补。在大气环境中喷铝层和喷锌层是最长效保护系统的首要选择。喷铝层是大气环境中钢结构使用较多的一种选择，比喷锌层的耐蚀性能还要强。喷铝层与钢铁的结合力强，工艺灵活，可以现场施工，适用于重要的不易维修的钢铁桥梁。在很多环境下，金属热喷涂层的寿命可以达到 15a 以上。但是其处理速度较慢，施工标准又高，使得最初的费用相对较高，但它的长期使用寿命表明是经济有效的。和所有涂层一样，金属热喷涂系统的性能是由高质量的施工，包括表面处理、使用的材料、施工设备以及施工技术等来保证的。

4 施 工

4.1 一般规定

4.1.3 根据有关资料显示,钢结构防腐蚀材料中挥发性有机化合物含量不得大于 40%,施工时可据此作为参考。

4.2 表面处理

4.2.2 钢结构表面的焊渣、毛刺和飞溅物等附着物会造成涂层的局部缺陷。钢结构在除锈前,应进行表面净化处理:用刮刀、砂轮等工具除去焊渣、毛刺和飞溅的熔粒,用清洁剂或碱液、火焰等清除钢结构表面油污,用淡水冲洗至中性。小面积油污可采用溶剂擦洗。

脱脂净化的目的是除去基体表面的油脂和机械加工润滑剂等污物。这些有机物附着在基体金属表面上,会严重影响涂层的附着力,并污染喷(抛)射处理时所用的磨料。

残存的清洗剂,特别是碱性清洗剂,也会影响涂层的附着力。

多数溶剂都易燃且有一定的毒性,采取相应的防护措施是必要的,如通风、防火、呼吸保护和防止皮肤直接接触溶剂等。

4.2.4 由空压机所提供的压缩空气含有一定的油和水,油会严重影响涂层的附着力,水会加速被涂覆钢结构返锈。空压机的压缩空气温度较高,一般约 70℃~80℃,用未经冷却的空气直接喷射温度相对较低的钢结构表面,可能会产生冷凝现象。油水分离器内部的过滤材料经过一定时间使用后会失效,应予更换。

4.2.8 磨料的选择是表面清理中的重要环节,一般 A 级和 B 级锈蚀等级的钢构件选用丸状磨料;C 级和 D 级锈蚀等级使用棱角状磨料效率较高;丸状和棱角状混合磨料适用于各种原始锈蚀等级的钢结构表面。

4.2.9 手工除锈不能除去附着牢固的氧化皮，动力除锈也无法清除蚀孔中的铁锈，且动力除锈有抛光作用，降低涂层的附着力，因此不适用于大面积建筑钢结构的表面清理，只能作为修复或辅助手段。

4.3 涂 层 施 工

4.3.5 焊缝及焊接热影响区是涂料保护的薄弱环节之一，本条为质量强化措施。根据部分工程的施工情况可对焊缝热影响区进行界定，在焊缝两侧50mm范围内应先涂刷不影响焊接性能的车间底漆。

4.3.7 表面清理与涂装之间的间隔时间越短越好，具体时间间隔要求因施工现场的空气相对湿度和粉尘含量的不同而有较大区别。根据部分工程钢结构施工情况，对于空气的相对湿度小于60%的晴天，表面预处理与涂装施工之间的间隔时间不应超过12h。

4.4 金 属 热 喷 涂

4.4.2 金属热喷涂工艺有火焰喷涂法、电弧喷涂法和等离子喷涂法等。由于环境条件和操作因素所限，目前在工程上应用的热喷涂方法仍以火焰喷涂法较多。该方法用氧气和乙炔焰熔化金属丝，由压缩空气吹送至待喷涂结构表面，即本条的气喷涂。

电弧喷涂技术近年来发展很快，它的地位已超过火焰喷涂，成为防腐蚀施工最重要的热喷涂方法。在电弧喷涂过程中，两根金属丝被加载至18V～40V的直流电压，每根丝带有不同的极性。它们作为自耗电极，彼此绝缘，并同时被送丝机构送进。在喷涂枪的前端两根金属丝相遇，引燃产生电弧，电弧使两金属丝的尖端熔化，用压缩空气把熔化的金属雾化，并对雾化的金属细滴加速，使它们喷向工件形成涂层。在大面积钢结构热喷涂防腐蚀施工中，电弧喷涂的独特优越性是其他方法所不及的。这包括：特别高的涂层结合强度、突出的经济性、工艺易于掌握、喷涂质量容易保证等。当需要高生产效率及长时间连续喷涂时，电弧喷涂的优越性可以得到特别好的发挥。

4.4.3 金属热喷涂层对表面处理的要求很高，表面粗糙度值也比涂料大，手工和动力除锈无法满足其表面处理要求。

4.4.4 金属热喷涂常用的材料为锌铝及合金，其电极电位比钢结构低。在腐蚀性电解质中，如果采用热喷涂防腐蚀的钢构件与未采用热喷涂的钢构件相连接。金属涂层便成了牺牲阳极，会溶解自身，并对未喷涂部位提供保护电流，从而导致喷涂层过早失效，未能达到预期的保护寿命。

值得注意的是，金属热喷涂构件通过预埋铁件与混凝土中的结构钢筋连接，如果该混凝土结构处于经常性的潮湿状态中，也会促使金属热喷涂层溶解破坏。

4.4.5 缩短表面预处理与热喷涂施工之间的时间间隔，可以减少被保护钢结构表面返锈和结露的机会，使生成的氧化膜厚度较薄，喷镀颗粒容易击破，从而保证金属热喷涂层的附着力。

基材表面预处理后 30min 内基材表面的电极电位没有明显变化，而在 2h～3h 内基本是稳定的。随着时间的增加，其表面的电极电位值开始升高，活化强度减弱，镀层与基材的结合强度下降。这是由于表面氧化膜的生成厚度与喷镀颗粒撞击表面时能否破裂有关：2h～3h 之内，很薄的氧化膜很易被高速喷射的喷镀颗粒击破；2h～3h 之后，氧化膜过厚，喷镀颗粒不易击破，对镀层与基材起着隔绝的作用，从而破坏镀层与基材的附着。

间隔时间越短越好，具体时间间隔要求因施工现场的空气相对湿度和粉尘含量的不同而有较大区别。

4.4.6 被喷涂钢结构表面在大气温度低于 5℃、温度低于露点 3℃，或空气相对湿度大于 85％时，容易结露形成水膜，从而造成金属热喷涂层的附着力显著下降。

4.4.7 热喷涂用金属材料的品质指标采用了现行国家标准《金属和其他无机覆盖层热喷涂 锌、铝及其合金》GB/T 9793 的

44

规定。工程上常用的热喷涂材料一般为 $\phi 3.0mm$ 的金属丝。

锌应符合现行国家标准《锌锭》GB/T 470 中规定的 Zn99.99 的质量要求。

铝应符合现行国家标准《变形铝及铝合金化学成分》GB/T 3190 中规定的 1060 的质量要求。

锌铝合金的金属组成应为锌 85%～87%，铝 13%～15%。锌铝合金中锌应符合现行国家标准《锌锭》GB/T 470 中规定的 Zn99.99 的质量要求，铝应符合现行国家标准《变形铝及铝合金化学成分》GB/T 3190 中规定的 1060 的质量要求。

铝镁合金的金属组成应为镁 4.8%～5.5%，铝 94.5%～95.2%。

Ac 铝的金属组成应为硒 0.1%～0.3%，铝 99.7%～99.9%。

4.4.8 根据有关资料显示，喷涂角度 80°为最好。垂直喷镀时，半熔融状态的雾状微粒，以很快的速度堆积，会有部分空隙中的空气无法驱出而形成较多孔穴；有部分金属微粒从结构表面碰落回到镀层金属雾中去，使金属微粒互相碰撞，削弱镀层微粒对结构表面冲击力量，造成镀层疏松、附着力降低。若角度过小，高速喷射的金属微粒会产生滑冲和驱散现象。这样既降低镀层的附着力，同时又浪费材料。

4.4.9 在金属热喷涂层的封闭剂或首道封闭涂料施工时，如果喷涂层的温度过高，会对封闭材料的性能产生不良甚至破坏性影响，温度过低会影响渗透封闭效果。

45

5 验 收

5.3 涂 层 施 工

5.3.1 涂层的干漆膜厚度应采用精度不低于 10%的测厚仪进行检测，测厚仪应经标准样块调零修正，每一测点应测取 3 次读数，每次测量的位置相距 50mm，取 3 次读数的算术平均值为此点的测定值。测定值达到设计厚度的测点数不应少于总测点数的 85%，且最小测值不得低于设计厚度的 85%。

6 安全、卫生和环境保护

6.1 一 般 规 定

6.1.1 建筑钢结构的防腐蚀施工所使用的材料、设备和工艺，可能会对作业人员的身体健康和人身安全产生不利影响，也可能对施工环境和使用环境造成一定程度的污染，因此作出本条规定。

7 维 护 管 理

7.0.1 根据定期检查和特殊检查情况，判断钢结构和其防腐蚀保护层是否处于正常状态。如果未发现异常，将检查记录作为结构物管理档案的一部分保存；如果发现异常情况，可根据异常情况的性质和程度对钢结构的防腐蚀效果作出判断，决定是否需要对防腐蚀保护层进行修复或更新，进而决定修复的范围和程度。

7.0.2 特殊检查的检查项目和内容可根据具体情况确定，或选择定期检查项目中的一项或几项。

对定期检查各项目的内容、方式、作用及相互关系说明如下：

防腐蚀保护层外观检查是对涂装钢结构进行的一般性检查，主要方法为目视检查保护层是否有破损及分辨破损的类型，估测破损的范围和程度，填写检测记录表，作为防腐蚀修复或结构补强的判断依据。

防腐蚀保护层防腐蚀性能检查是对防腐蚀保护层进行详细检查和测定，通过记录防腐蚀保护层的变色、粉化、鼓泡、剥落、返锈和破损面积等对防腐蚀保护层的保护性能进行评定，以便决定是否采取修复措施。

钢结构腐蚀量的检测原则上采用无破损检测方法，用超声波测厚仪测量钢结构的壁厚，根据设计原始厚度和使用时间推算出腐蚀量和腐蚀速率。厚度测定结果可用于评价防腐蚀措施的保护效果，判断是否需要进行修复或补强。

每次重大自然灾害后（如地震、台风等）应对钢结构防腐蚀进行全面检查。